NUMBERS IN ACTION

THE ALL NEW

ADDICTION

fun, learning and challenge
ages 7 and up

By
I.M. El-Minyawi (Omar)

all rights reserved

INTRODUCTION

Numbers and basic math operations are as important as the alphabet and reading. Math is the language of business, science, and technology, and is simply indispensable in our lives. Understanding, embracing, and using math gives a person an undeniable advantage and comfort in life. A large sector of our society stays away from math and does not miss it, but the advancement to our lives would be enormous if we were all as versed in math as we were in language. This book is a good step towards that goal.

Two of the most useful and practiced operations in math are adding and subtracting. Despite having advanced tools like cell phones, calculators and computers to deal with numbers, it is still paramount to do addition and subtraction without the help of machines in order to understand the answers coming out of the technology that we so heavily rely on.

This book offers a new, smart way to mix numbers, problem solving techniques, and addition and subtraction in a fun and competitive way. ADDICTION or **ADDITION ADDICTION**, is also a cross-number exercise, and players could use their crosswords techniques here. There are 100 exercises in this book, and only numbers from 0-9 are used within the tables of each exercise. There are fifty 6x6 tables, and another fifty 7x7 tables, thus, making the puzzles workable by people of ages 7 and up. Depending on whether you are completing a 6x6 puzzle or a 7x7 puzzle, there will be 12 or 14 missing numbers respectively in each table. However, there is enough information to find out these missing numbers using mathematical operations and techniques such as addition, subtraction, educated guessing, and trial and error.

The exercises in this book fit squarely with **STEM** and **core requirements** at schools. Teachers could use sheet(s) of this book for fun contests of speed, problem solving, addition and subtraction.

"FIGURE" IT OUT

A pencil and eraser are needed to complete the tables.

There are 100 exercises in this book. Each exercise involves addition, subtraction, figuring out the missing numbers, and more importantly, finding the right, easy spot in the table to start the solution.

Numbers in each row are added together and the result is listed on the right side of the row.

Numbers in each column are added together and the result is listed underneath each column.

There are 12 or 14 unknowns (empty spaces) in each exercise to be figured out.

Only numbers from 0-9 are used inside the tables.

Add the numbers in a row (column), then subtract from the total that is given, and then find the two missing numbers in that row (column).

NO SOLUTIONS were given at the end of the book, because every exercise is a self-proving one. After you finish a table, make sure all columns and rows are consistent.

In the near future we will publish extensions of this book with larger tables containing a larger number of unknowns with bigger numbers than shown in this book.

TIPS TOWARD SOLUTIONS

How to choose the easiest column or a row to start the solution

Hard Start
Assume the two unknown numbers in a row (column) add up to 11, then the two numbers could be (2, 9), (3, 8), (4, 7), or (5, 6). These are 4 combination and that will complicate the solution. So such a row or column should be avoided as a starting point.

Other Examples
Let us assume the two unknowns in a column or row add up to 18, then the only choice here is (9, 9), and this represents an easy, good start for finding the other unknown numbers in the table.

If the two unknown numbers in a row or column add up to 17 then the only combination is (8, 9) and task becomes which vacant spot would take 8 and then the other takes the 9. Such a case also represents a good starting point.

If the two numbers add to 3 then the combinations are either (1,2) or (0,3). In this case guessing with trial and error could be used, and this represents a reasonable entry to the table.

So, always look for a starting column or row with as few combinations for the solutions as possible, and once you solve a row or a column successfully, the rest of the table will be simple to finish.

ADD:

Exercise 1:

1	8			3	8	24
0	5	7	0			20
	2	5	2		8	29
	9	8		1	7	29
6		9	4	5		36
1			6	4	5	29
17	32	40	14	21	43	

ADD:

Exercise 2:

9	9	8	6			42
		7	1	0	1	16
	8	4	4	8		41
8	8	2			8	35
3	0			3	4	18
2			0	6	3	19
36	30	25	26	24	30	

ADD:

Exercise 3:

7		8	0	1		26
0	4	7	5			24
5			4	6	9	24
7	0	2			7	24
	2		2	8	1	26
	6	6		0	4	27
33	18	30	16	29	25	

ADD:

Exercise 4:

7		6	4	8		33
9	8	8	9			39
		8	5	7	9	36
5	3			7	8	31
	4		6	6	9	33
8	0	4			3	31
34	25	32	37	40	35	

ADD:

Exercise 5:

3	3		1		4	27
	5	7	3	7		27
3	4		9	1		23
		2	8	5	2	25
4		0		0	4	21
4	3	8			3	24
18	28	25	29	24	23	

ADD:

Exercise 6:

2	6		2	6		30
	3	4	9	4		35
1	4	4			7	31
	2		2	8	2	19
9		6		4	2	32
9		8	5		0	33
32	23	30	31	38	26	

ADD:

Exercise 7:

3	1		7		4	24
	5		7	8	0	32
3		5	5	9		33
7		5	9		9	35
	5	5		9	5	36
6	6	3		3		28
30	23	27	36	37	35	

ADD:

Exercise 8:

5		3	6	9		33
7	3	5		3		25
2	4	3			4	23
1			9	4	7	25
	9	3	7		0	34
	3		2	5	9	35
32	27	24	33	30	29	

ADD:

Exercise 9:

0		7	8	8		27
2		8	8	5		33
	2	1	3		7	20
	5	3		9	8	36
0	1			7	1	21
0	1		5		9	25
5	18	29	37	43	30	

ADD:

Exercise 10:

5	2	7		5		23
		2	9	1	9	27
7	2		9		5	35
4	0	0	6			20
5		7		8	7	40
	9		1	2	8	29
32	21	26	33	31	31	

ADD:

Exercise 11:

7	3	9	6	5	7	37
5	2	9	1	3	8	28
8	3	7	9	8	9	44
3	6	3	3	0	1	16
8	0	9	4	5	7	33
8	7	3	6	8	6	38
39	21	40	29	29	38	

ADD:

Exercise 12:

1			8	4	7	36
5	3		4	2		27
	2	7	1	8		32
	9	1		4	5	36
8	6	0			4	30
7		0	3		8	20
35	30	21	27	28	40	

ADD:

Exercise 13:

		0	5	9	6	37
	8	5		0	2	22
6			0	1	0	15
8	7		2	8		29
0	3	8	4			25
6	2	8			3	29
34	34	26	22	26	15	

ADD:

Exercise 14:

5	1		6		9	29
7	8		8	1		31
	6	4		2	3	26
7	2	2	5			32
		9	7	6	8	39
8		9		9	0	34
37	27	24	34	34	35	

ADD:

Exercise 15:

4		1		5	4	14
7	5			6	8	35
2	0		2	4		22
	2	3	3	4		22
	9	1	8		1	24
0		2	6		0	17
21	21	15	25	24	28	

ADD:

Exercise 16:

	4	5		6	7	34
1	6			5	6	24
	5	3	2	8		29
3		9	9	0		31
9		8	9		1	37
6	4		6		9	35
29	33	38	37	24	29	

ADD:

Exercise 17:

8		4	1		9	35
		5	3	4	4	22
4	4	9	1			24
5	8		8	6		33
9	2			6	4	26
	8	6		1	7	34
31	36	25	24	22	36	

ADD:

Exercise 18:

8	7	2		2		22
2	8		9		6	30
4	5	5	7			22
	7		6	3	4	35
0		3		7	1	21
		7	2	1	3	23
22	38	31	33	14	15	

ADD:

Exercise 19:

		7	0	4	1	21
	9	1	7	1		30
5	5	3			7	31
2		6	0		6	20
1	1			4	2	19
6	6		3	3		31
26	27	27	24	20	28	

ADD:

Exercise 20:

3	4		4	8		32
5	4		4		6	24
6		7	2	1		24
5	7	1			9	26
		0	8	8	8	37
	5	0		7	6	22
29	31	15	21	29	40	

ADD:

Exercise 21:

5	5			2	8	34
3	5	9			7	40
2			0	9	4	25
	9	7	8		1	38
	5	7	2	9		36
5		9	8	1		29
25	36	45	31	36	29	

ADD:

Exercise 22:

5	2	5	8	3	5	28
2	1	5	8	7	4	27
4	7	7	2	8	1	29
5	0	2	0	7	2	16
2	4	1	9	0	9	25
1	8	0	2	4	5	20
19	22	20	29	29	26	

ADD:

Exercise 23:

6	2		0		4	27
9	5	1	3			35
8		1	9	8		41
		4	9	4	7	35
4	5			8	1	33
	8	2		7	1	21
32	34	26	30	42	28	

ADD:

Exercise 24:

7	6			7	0	35
7		1		3	4	24
3		7	5		4	31
0	5	4	5			23
	8	1	9	1		33
	6		5	2	5	24
25	30	23	40	26	26	

ADD:

Exercise 25:

	1	7		9	6	31
	3	1	1		8	19
3	9	5		8		36
1			6	8	2	31
4	5		9	4		29
8		4	4		1	30
25	31	24	22	43	31	

ADD:

Exercise 26:

	8		8	5	5	35
6	2	5		2		23
8	1			5	6	34
3		2	7	1		24
	5	6	9		8	37
1		2	1		3	16
25	21	28	34	29	32	

ADD:

Exercise 27:

2	0	9	2	8	8	29
1	6	2	3	6	8	26
7	5	8	8	4	7	39
1	4	9	3	4	9	30
1	9	2	9	0	1	22
4	5	5	7	0	6	27
16	29	35	32	22	39	

ADD:

Exercise 28:

4		3	4	7		29
1	1		8	2		21
5	6		3		5	26
	7	2		6	1	28
6		4	3		1	24
	8	7		8	5	30
23	28	21	25	36	25	

ADD:

Exercise 29:

0	0	7			4	23
2	4	3	4			21
3		9	7	9		30
	2	7		2	7	35
7			9	7	9	39
	3		6	3	9	32
25	10	40	38	29	38	

ADD:

Exercise 30:

	6	8	9		3	35
7	2	2	9			25
7		6		8	1	33
5	3			2	0	16
6			0	2	2	24
	0	7	3	5		23
34	28	28	30	22	14	

ADD:

Exercise 31:

5	1		6	3		25
	6	5	1		6	28
1		7		9	4	37
	4	2	3		0	15
7		7	4	8		35
9	3			9	9	42
29	30	37	28	38	20	

ADD:

Exercise 32:

		1	9	5	8	31
2	6		0		2	22
		7	4	2	4	25
1	1	4	9			20
2	9			0	6	29
8	9	7		5		42
21	33	27	34	24	30	

ADD:

Exercise 33:

2	8		3		5	34
	5	5		9	2	31
	5	5	5	4		23
5	1	6		2		23
2			3	3	9	29
7		6	5		6	33
23	28	35	27	33	27	

ADD:

Exercise 34:

5	7			5	1	30
1	6			7	1	31
4		2	6		5	30
	2	0	5		8	25
	9	7	2	3		27
2		6	0	3		25
19	34	28	28	36	23	

ADD:

Exercise 35:

3		0	6	8		32
	2	9	7	3		32
		4	4	9	5	35
3	1			1	8	16
7	8	1			9	35
5	2		0		8	29
26	30	25	25	29	44	

ADD:

Exercise 36:

2	5		2	5		30
2	4		9		6	32
	7	1		6	8	32
7		7	5		1	28
4		1		5	9	27
	9	7	4	8		42
30	30	33	27	32	39	

ADD:

Exercise 37:

3	4		6		0	20
3	3	7	2			28
5			8	7	9	42
		0	7	8	4	34
	4	1		6	8	31
5	6	6		3		30
29	33	23	31	35	34	

ADD:

Exercise 38:

9		6		8	0	33
3		4	5	6		31
	6	6	9	6		34
6	2		0		9	30
	4		3	8	2	27
6	5	1			8	35
36	27	26	35	41	25	

ADD:

Exercise 39:

		5	9	3	4	31
6		7	9	2		37
	4	1		0	1	17
9	7		0		2	29
3	1		3	9		23
2	4	1			3	28
28	25	22	39	29	22	

ADD:

Exercise 40:

5	4		8	5		31
3	9		9		7	45
0		7	9	0		23
5	7	8			6	35
		7	2	5	9	38
	7	9		3	8	33
23	37	44	40	23	38	

ADD:

Exercise 41:

		4	0	5	6	25
8		9		4	7	37
	2	5	5		8	26
5	1			1	5	16
0	3		7	3		18
9	3	8	6			42
26	17	33	26	26	36	

ADD:

Exercise 42:

	1	6	0		8	21
5		5		6	9	42
1	2		9	8		23
	9	6		0	7	29
6	3		2		9	23
8		1	6	6		31
27	26	22	31	22	41	

ADD:

Exercise 43:

1	4	2			6	18
2	8		4	1		22
		7	4	3	8	29
1	6	9	4			32
1		5		1	2	19
	7		3	6	3	32
17	37	28	17	25	28	

ADD:

Exercise 44:

1	1	5			9	23
3	5			4	6	30
	5	5	8		3	30
		7	4	1	9	28
9		1	5	1		28
4	6		9	0		29
24	31	29	34	17	33	

ADD:

Exercise 45:

2	3		6		7	35
2	7		3		7	26
4		7		5	2	20
	6	4	6	8		27
	0	4	5	6		20
8		9		9	9	50
21	23	38	30	38	28	

ADD:

Exercise 46:

7		3	6		7	31
		3	7	7	6	28
1	8			7	7	36
3	4	1	4			21
	6	4		9	8	37
9	2		6	2		26
25	28	18	39	29	40	

ADD:

Exercise 47:

	2	9	1		3	19
	7	9	1	2		28
5			5	0	3	24
7		9	1		4	36
1	9	4		5		28
3	2			0	2	14
23	32	41	19	16	18	

ADD:

Exercise 48:

2	8	5	5	2	9	31
2	4	4	4	1	0	15
7	4	4	0	3	3	21
9	9	6	4	6	1	35
7	7	8	6	6	8	42
9	8	2	8	4	5	36
36	40	29	27	22	26	

ADD:

Exercise 49:

	2	4	6		1	23
8		9	1		8	36
	9	7		8	7	39
8	1	3		4		27
2			7	8	3	27
5	2		8	8		39
26	25	34	33	40	33	

ADD:

Exercise 50:

	0	1	6		4	20
6	6		2	5		25
4	8	6	6			40
		2	9	6	9	37
7	1			5	2	22
7		8		2	2	32
38	28	20	34	28	28	

ADD:

Exercise 51:

	8		3	6	9	3	39
2	0	3		6	5		25
6		2		6	0	1	23
9	9	0	7	1			32
		7	5	7	8	1	40
2	1	6	9			4	37
6	1		7		7	5	36
37	29	22	40	42	42	20	

ADD:

Exercise 52:

6		5	6	3		6	39
8	9	6	8			3	50
		2	8	4	9	4	38
2	2			0	7	3	19
2	4	0	9		9		33
9	4		2	2	4		29
	2	4		2	3	4	21
35	28	24	42	23	50	27	

ADD:

Exercise 53:

6	8		5	5	8		40
	2	4	6	2		6	31
	7	4	1	4	4		30
1		2	2		3	7	30
1	6			1	7	9	34
4		4	3	3		9	28
5	6	9			1	1	26
33	39	29	22	24	29	43	

ADD:

Exercise 54:

	1	5	4	2		4	31
7		7		9	5	1	41
	8	9		8	2	3	42
8	2	3	2		0		23
2	5		1	9	2		29
9		9	5	8		5	43
2	4		4		9	4	27
42	31	36	27	46	28	26	

ADD:

Exercise 55:

	6	0		2	7	3	33
4		4		2	9	0	33
3	4		5	6	5		37
5		0	2	7	3		29
4	4		9	8		8	47
	6	1	0		6	2	31
6	9	8	3			0	39
36	41	25	36	41	43	27	

ADD:

Exercise 56:

4	1	7		2		4	28
	9	2		2	1	4	29
	7		8	5	0	6	29
4	0		5	1	4		27
6	3	9	9			9	45
7		6	8	1	1		30
1		1	8		7	9	37
27	30	32	47	19	26	44	

ADD:

Exercise 57:

0	4		7	1		6	28
1		5	3	5	1		25
	7	8		4	6	5	40
2			5	0	2	5	26
	6	1	4	7		7	39
8	4	1	9		8		45
8	6	2			1	4	35
29	42	30	39	32	27	39	

ADD:

Exercise 58:

	6	7	7	4	2		38
5			6	7	7	7	39
5	5		8		9	1	34
3		4	4	1		3	29
	3	6	0	7		5	35
3	1	4			5	9	32
7	4	1		5	2		26
35	29	28	37	29	40	35	

ADD:

Exercise 59:

	9	4		3	8	0	30
	3	8	7	7	3		39
3		5		2	9	2	37
4	4		3	9		2	29
1		1	9	3		3	33
1	2		3		0	2	24
9	8	3	1		2		37
28	43	32	36	40	34	16	

ADD:

Exercise 60:

		5	2	7	3	7	37
1	6			1	7	3	29
7	5	7	0			3	34
9		9	8	7	7		51
3	5	1	9			5	28
6	4		2	4	3		32
	1	1		2	2	3	18
37	35	36	28	29	31	33	

ADD:

Exercise 61:

6		1	8		3	8	36
7		5	9	3		4	37
	8	2	5	1		3	24
	3		9	3	7	9	45
2	5		7	5	6		28
3	9	3			7	6	39
1	7	7		9	6		44
29	42	29	46	39	30	38	

ADD:

Exercise 62:

0	0	4	4			5	26
8	7	8	3		7		41
7		3	9	1	8		34
8		5		7	9	4	38
8	3	5		2		0	32
	6		7	7	5	7	36
	2		3	2	9	9	36
35	26	36	35	33	49	29	

ADD:

Exercise 63:

2		5	4	6	3		24
2	1		0	9		6	34
	7	4	2	7		5	32
7			5	1	2	1	24
	1	9		6	3	9	32
1	1	8	6		8		38
8	1	2			6	2	29
23	18	38	26	40	37	31	

ADD:

Exercise 64:

9	7		5	9	1		47
2	2	6			7	0	26
8	3		4	5		4	32
4		7	6		9	3	39
	9	1		1	5	6	36
		2	8	0	6	8	32
4	8	2	8	6			33
42	34	29	37	36	36	31	

ADD:

Exercise 65:

5		0	1	3		7	23
8	2	7		4	3		30
6	4	3			9	8	44
8	1		4	1		8	30
3	8		2		5	2	31
		9	3	5	0	2	26
	9	1	7	3	9		40
35	30	32	24	30	33	40	

ADD:

Exercise 66:

	3	8		4	5	7	42
	0	2	5		0	8	21
9	2	5	2			5	32
4		6	1	9	2		32
3	8	2	2	6			30
7	9			2	0	1	30
1			0	0	2	7	15
37	32	31	25	24	19	34	

ADD:

Exercise 67:

5			1	2	3	4	28
6		9	4	6		8	41
	1	4		8	3	7	35
6	6	9	1		2		32
	2	3	2	6		2	27
6	9			0	8	8	40
5	6	9	3		2		38
44	28	49	17	34	31	38	

ADD:

Exercise 68:

		9	1	2	7	4	35
3		4		6	8	1	31
7	8		8		1	4	39
	4		9	9	8	8	51
7	9	1		7		2	27
5	7	1	2		5		32
2	3	9	4	3			29
35	42	34	30	44	37	22	

ADD:

Exercise 69:

7	2		5	4		1	37
	1	8	8	5	5		41
	5		6	4	9	7	37
3	6	4	9		5		36
4	7	4	3			7	32
7		6		2	2	1	33
4		5		9	5	2	30
39	33	36	39	34	38	27	

ADD:

Exercise 70:

5	2	1	5		3		30
	1	8	6		9	1	42
	5		9	8	1	1	40
2			9	9	2	2	29
4		9	9	2		1	42
4	3	7		9	6		36
1	5	9		8		8	38
33	27	44	41	52	36	24	

ADD:

Exercise 71:

7			7	6	0	8	35
9	3	8	4		0		40
7	8		2		9	0	38
9	0	5	1	8			34
	6	7		6	9	9	47
	1	2		7	9	9	41
4		8	9	8		4	40
45	27	37	37	49	34	46	

ADD:

Exercise 72:

	9	1	9	2	9		41
6	9	5		7		6	42
	5	6	6		3	8	38
3	1	3	3		9		29
2		1		7	3	8	30
7	9		8	7		5	48
2			2	2	5	4	27
34	49	28	37	32	34	41	

ADD:

Exercise 73:

1	3	4			7	2	31
5	6	4		3	3		32
	8	1	1	6		4	25
7	4	6	5			3	37
	7		4	0	6	7	38
7			1	7	1	7	34
1		1	5	2	8		21
29	34	31	23	33	35	33	

ADD:

Exercise 74:

4		8	2		3	9	37
3	3	2			4	0	21
8			2	0	4	2	29
	2	6	1	9	9		35
9	6	9	6	4			42
2	5		3	9		3	32
	6	4		8	0	2	22
28	31	44	22	40	23	30	

ADD:

Exercise 75:

2	3	9	7	7			40
5	1			2	0	4	15
	8	8	9	8		8	53
9			1	8	2	4	40
	3	3	8		5	8	32
9	5	9		9	2		50
8		3	4		6	6	41
43	36	41	37	45	21	48	

ADD:

Exercise 76:

6	9	4		0		0	24
	4		9	7	1	7	38
5	3		8	2		4	32
4		9	6	9	2		32
	5	4	7		4	4	31
2	3	6	5		6		39
3		7		9	4	2	35
30	33	39	40	42	22	25	

ADD:

Exercise 77:

	7		7	1	6	6	38
	2	7	2	9	9		37
5	3	2			9	0	29
2	6	3		8	1		32
7	5	7	2			1	26
8			8	0	7	4	38
0		4	9	9		2	38
37	36	30	34	38	39	24	

ADD:

Exercise 78:

	5	6	2	4	3		28
6			5	7	7	1	31
		8	8	5	8	2	38
1	7		4		8	9	32
5	5	9			5	4	30
1	6	2		2		0	17
8	8	6	6	4			43
28	35	36	31	24	36	29	

ADD:

Exercise 79:

3	0		0		1	8	24
1	8	3		7	7		37
8		4	9	9		2	44
3	2		9	6		7	37
	8	5	5	4	8		37
1	4	4			7	1	31
		8	7	4	6	0	40
30	36	33	43	45	38	25	

ADD:

Exercise 80:

	5	6	6		5	7	46
8		2	4	8		1	34
4		1	5	6	9		38
4	9	1		2		1	34
8	9		1	4	6		40
	5	4	0		0	8	35
8	3			7	9	2	39
50	39	28	25	44	47	33	

ADD:

Exercise 81:

3		6		1	7	1	21
7	2	1	7	2			26
	1		7	5	7	1	32
		2	2	6	3	4	29
4	2	2	7	8			30
8	8	5			5	4	41
9	1		4		0	6	32
43	20	26	34	36	31	21	

ADD:

Exercise 82:

	6	3	6		8	8	48
4		6	6	3		5	35
	3	8		0	4	1	18
8			3	7	3	3	26
1	3	4	8		2		33
3	5	4		2		9	32
8	0		8	3	2		33
34	24	30	33	31	32	41	

ADD:

Exercise 83:

0	8	9		3		2	34
		2	4	3	8	1	32
3	3	1	3	6			27
5		3	4		2	9	31
4	3			3	7	8	27
	0	9	4		1	6	27
2	2		9	7	3		38
20	25	31	33	36	34	37	

ADD:

Exercise 84:

1	0	4		8		6	26
	9	3		1	7	1	36
	8	1	6	4		2	22
8			5	2	4	3	31
2		6	5	9	1		36
6	6	8	0		6		30
2	5		2		1	2	14
28	41	25	25	27	26	23	

ADD:

Exercise 85:

5	1		1	2		3	25
7		8	2	6	6		37
7	7	8		1		7	43
4	7	6		1	6		41
	1	2	2		6	0	14
5			4	9	2	6	41
	4	7	8		1	7	39
35	32	43	31	27	38	34	

ADD:

Exercise 86:

2		1	4		7	2	19
		1	3	3	2	7	18
	6		7	7	7	1	39
1	1	4		5	0		27
2	3		7	0		8	31
6	2	7			6	9	40
0	9	6	3	7			34
18	23	29	34	31	31	42	

ADD:

Exercise 87:

2	7	5	2		7		30
	1	5		9	0	2	21
7	4		7		8	5	35
9	1		1	5		6	33
	2	6		9	9	9	43
7		8	1	0		4	32
9		9	3	2	1		29
41	26	43	19	27	31	36	

ADD:

Exercise 88:

8	6		6	0	3		27
	1	5		9	4	7	31
9	4		8		2	5	40
6	7	4		3		6	36
4		3	7		8	1	34
9	6	7	4	9			47
		8	6	1	1	7	38
49	32	37	41	35	28	31	

ADD:

Exercise 89:

	0	9	5		1	9	36
5		1		5	1	8	38
8	6		4		5	1	28
	7	7	6	9		3	39
7	9		0	6	4		38
2	3	4	3	7			24
5		3		8	4	2	35
39	43	29	31	42	17	37	

ADD:

Exercise 90:

	5	4	9	7	1		38
0		4	1		6	6	23
9	8	3	8	6			39
	6	1	9	3		2	33
6			9	3	4	7	38
6	2	5			7	6	36
4	7			2	0	3	22
35	37	23	39	34	30	31	

ADD:

Exercise 91:

	6	0	7	5		2	33
	4		2	9	2	4	29
7		3	2		1	3	19
8		8		6	0	5	32
6	9	9	3	8			39
2	7		7	6	9		45
9	4	7			6	7	44
42	35	39	30	39	26	30	

ADD:

Exercise 92:

7	7	6		7		8	46
9	2		3	5		2	31
		1	4	3	4	9	30
1		6		4	6	5	30
6	1		3	7	9		31
1	7	5	3		8		30
	6	8	8		8	1	34
33	25	31	31	31	48	33	

ADD:

Exercise 93:

4		2	7	6	3		32
5	6		6	8	8		38
7		2	6	7		4	37
	9	1		3	2	4	35
1	5	7			4	1	31
3	3		2		8	2	30
	8	7	1	7		1	39
36	44	27	35	45	38	17	

ADD:

Exercise 94:

1	6	7	5		9		34
6	7	2	3			8	37
		6	6	3	3	3	28
2		1	9	0	8		30
	1	3		7	8	1	23
2	7			6	5	2	26
9	3		7	6		5	32
29	30	21	33	33	38	26	

ADD:

Exercise 95:

9		7	8	3	7		42
	2	7		7	6	2	36
4		5	6	8	1		36
4	5		9	9		9	44
7	3	4	4			1	23
	2	8		2	4	1	26
6	2		8		5	5	37
35	23	42	51	34	30	29	

ADD:

Exercise 96:

6	6		8	2	6		38
1	2		3		8	4	26
	3	7	2	8		3	30
2		6		9	4	6	30
6	6	6			2	8	40
	4	1	0	6		6	22
1		3	1	7	9		30
18	26	32	20	47	39	34	

ADD:

Exercise 97:

8	2	2	6	3	9	1	31
5	7	4	5	9	1	5	36
3	4	0	9	2	7	0	25
4	5	3	6	5	6	9	38
7	9	2	4	8	9	3	42
5	9	3	5	1	3	4	30
6	9	8	8	8	6	7	52
38	45	22	43	36	41	29	

ADD:

Exercise 98:

1	9	8	5			6	41
2	1		5	8		7	39
	6	1	3		7	0	34
	8	4	6	6	5		40
7	2	7		8	9		45
8		8		6	6	3	40
5			1	1	5	2	21
36	32	41	30	46	42	33	

ADD:

Exercise 99:

	0	1		6	2	1	17
7			1	1	2	5	29
8		5	8		9	8	47
4	7	2	3		5		27
	7	7	4	2		7	31
1	6	6	8	6			38
6	5			8	6	8	50
29	32	37	38	35	33	35	

ADD:

Exercise 100:

6	6	2	0	3	7	5	29
7	0	5	1	9	1	7	30
0	5	1	2	7	1	1	17
5	5	5	7	8	2	0	32
5	0	0	9	3	3	9	29
4	0	2	8	1	2	6	23
7	8	3	3	7	9	6	43
34	24	18	30	38	25	34	